Armin Täubner

Für sonnige Zeiten

Bandornamente aus Tonpapier

frechverlag

Von dem bekannten Autor Armin Täubner sind im frechverlag viele weitere Bücher erschienen.
Hier eine Auswahl:

TOPP 2130

TOPP 2223

TOPP 2094

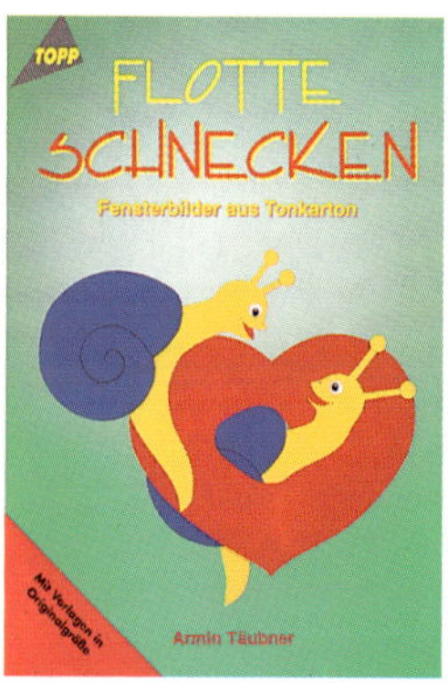

TOPP 2217

TOPP 2195

TOPP 2096

Fotos: frechverlag GmbH + Co. Druck KG, 70499 Stuttgart;
Fotostudio Täubner

Dieses Buch enthält:
1 Vorlagenbogen

Auflage: 5. 4. 3. 2. 1. | Letzte Zahlen
Jahr: 2002 2001 2000 1999 98 | maßgebend

frechverlag GmbH + Co. Druck KG, 70499 Stuttgart
ISBN 3-7724-2305-1 · Best.-Nr. 2305
Druck: frechverlag GmbH + Co. Druck KG, 70499 Stuttgart

Für sonnige Zeiten

sorgen die Bandornamente dieses Buches. Das Motiv auf Tonpapier übertragen, dieses mehrfach falten, das Motiv ausschneiden, in einigen Fällen noch mit ein paar Teilen verzieren und bemalen – schon ist der sommerliche Fensterschmuck fertig.

Wenn die Käfer munter über Ihre Scheibe krabbeln, die Amseln an den Kirschen naschen, Krabben und Seepferdchen sich ein Stelldichein geben und die ersten Sandburgen fertiggestellt sind, ist eine kleine Erfrischung angebracht.

Wählen Sie unter den kühlen Köstlichkeiten, gönnen Sie sich eine Fahrt in den Süden, und bringen Sie Kakteen und Sonnenblumen mit Tonpapier und Schere zum Blühen. Dann brechen auch an Ihrem Fenster

sonnige Zeiten

an.

Schritt-für-Schri

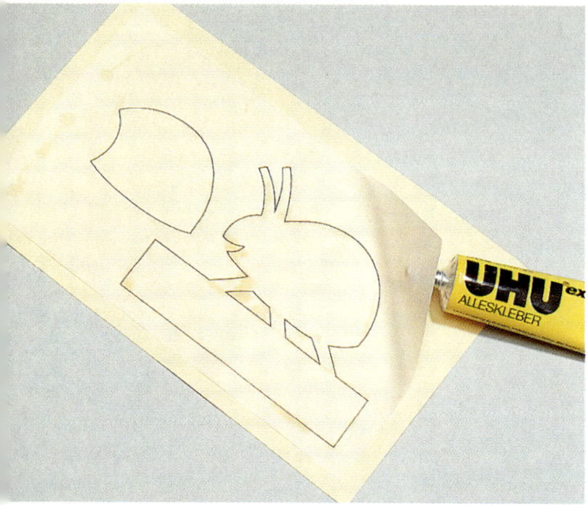

1

Übertragen Sie sämtliche Teile des ausgewählten Motivs ohne Überschneidungen mit Bleistift auf Transparentpapier. Kleben Sie das Papier auf einen dünnen Karton.

2

Schneiden Sie die Teile exakt aus. Das sind Ihre Schablonen.
In der Regel benötigen Sie eine Schablone für das Faltband sowie eine oder mehrere Schablonen für die später aufzuklebenden Zierteile.

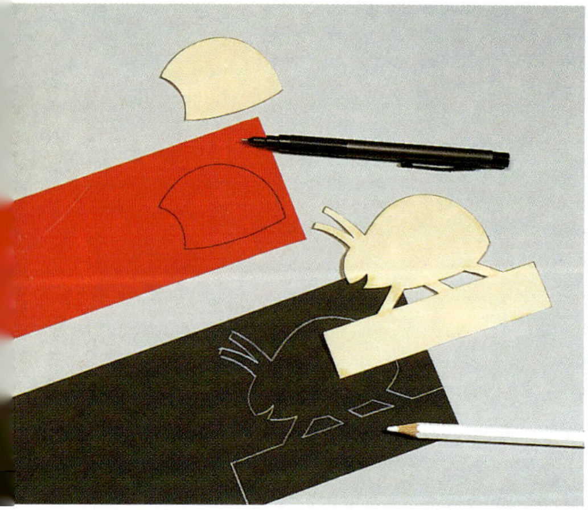

3

Legen Sie die Schablone für das Faltband bündig an die rechte Außenseite eines Tonpapierstreifens in der gewünschten Farbe und Höhe. Nun ziehen Sie die Kontur mit Bleistift bzw. einem weißen Farbstift nach.
Bei den Zierteilen legen Sie die Schablone(n) so auf den/die Tonpapierstreifen, daß rings um die Schablone noch etwas Platz ist, bevor der Umriß nachgezogen wird.

4

Beginnen Sie mit dem Falten des Bandornamentes. Der Papierstreifen wird ziehharmonikaartig aufgefaltet. Richten Sie das Band beim Falten zuerst an der Unterkante aus, d.h., nach allen Faltungen sollten die Unterkanten noch genau übereinanderliegen.

leitung

Die Papierstreifen mit den Zierteilen werden ebenfalls ziehharmonikaartig gefaltet. Hier kommt es jedoch nicht auf exaktes Falten an.

5

Damit beim Ausschneiden nichts verrutscht, klammern Sie den gefalteten Papierstreifen außerhalb des Motivs mehrfach zusammen. Je häufiger der Papierstreifen gefaltet wird, desto schwieriger ist das Ausschneiden. Beginnen Sie also am besten mit wenigen Faltungen.
Zum Ausschneiden wird überwiegend der Cutter verwendet. Achten Sie auf eine geeignete Schneideunterlage.

6

Abschließend entfalten Sie das Bandornament und bekleben es mit den bunten Zierteilen.
Manche Motive werden zusätzlich bemalt und/oder mit Klebepunkten verziert, die in verschiedenen Farben und Größen im Fachhandel erhältlich sind. Im Buch werden die Größen 8 mm und 12 mm verwendet.

TIP

Die Motive können auch in verschiedenen Farben mehrfach ausgeschnitten und in beliebiger Anordnung auf einem Tonpapierstreifen gruppiert werden.

Süße Versuchung

Marienkäfer auf Achse

Stachelige Blüten-pracht

Fröhliche Eiszeit

Wettschlecken

Dreiradrennen

Die Bienen schwärmen aus

Auf dem Weg in den Süden

Das Schönst

n Sommer

Südseeträume

Boote, Jachten, Schiffe ...

In den Meerestiefen

Strandgut

Alle meine Entchen

Fische und Delphine

Wasserfreuden

Sandburgen

Hoch in den Wolken

Tanz ums Apfelbäumchen

Fuchsien in voller Blüte

Rote und gelbe Blütenkerzen

Zwei Leckermäuler

Sonnenblumenfelder